迷いが消える禅のひとこと

心头无烦事，四季有禅心

[日]细川晋辅 著

袁少杰 译

北京联合出版公司
Beijing United Publishing Co.,Ltd

图书在版编目（CIP）数据

心头无烦事，四季有禅心 /（日）细川晋辅著；袁少杰译. -- 北京：北京联合出版公司，2023.8
ISBN 978-7-5596-6993-3

Ⅰ. ①心… Ⅱ. ①细… ②袁… Ⅲ. ①人生哲学—通俗读物 Ⅳ. ①B821-49

中国国家版本馆CIP数据核字(2023)第108593号

北京市版权局著作权合同登记　图字：01-2023-2971号

心头无烦事，四季有禅心

作　　者：（日）细川晋辅　　译　　者：袁少杰
插　　画：（日）谷山彩子　　出 品 人：赵红仕
出版监制：辛海峰　陈　江　　责任编辑：徐　樟
产品经理：于海娣　　版权支持：金　涵
特约编辑：王世琛　　内文排版：任尚洁

北京联合出版公司出版
（北京市西城区德外大街83号楼9层　100088）
北京联合天畅文化传播公司发行
天津联城印刷有限公司印刷　新华书店经销
字数 86千字　787毫米 × 1092毫米　1/32　7.75印张
2023年8月第1版　2023年8月第1次印刷
ISBN 978-7-5596-6993-3
定价：52.00元

在生活中，我们会不知不觉地忘记
那些对自己来说很重要的事情。
日复一日的忙碌，被各种信息轰炸和牵着走，
你的内心就会越来越不从容。
然后，你会对现状不满，
很在意别人的眼光。
在这种情况下，最重要的是停下来，
重新审视一下自己的内心。
小小一句禅语（一言禅），就是为了帮你摆脱迷茫，重获宁静。

序言

『禅』是日常生活智慧

提到“禅”这个字，你会想到怎样的形象呢？

是不是在寺庙里挺直后背，盘腿端坐的形象？

我经常听到人们说这样的形象是禅宗世界的象征。可能很多人都有这样的印象，觉得“禅”是一个常人难以企及的境界。

其实，禅的教义并不难。

这是因为，禅宗教义凝聚的正是“人类积极生活的智慧”。

而智慧只有融入人们的日常生活，才会显示出它的真正价值。

为了让大家更容易理解和接受禅，这次我想以一本有很多插图的书（甚至可以说是绘本）为载体，来介绍禅的世界。

你并不需要专门抽时间仔细阅读这本书。

说白了，这是一本光着脚就能读的禅之书，不用很正式地阅读。

在日常生活的闲暇时间里，随意翻看就好。

我希望你能在自己的头脑中体会到“思考禅”的感觉。

临济宗
龙云寺的
禅宗僧侣生涯

我是一名临济宗[1]的禅宗僧人。

我的祖父是松原泰道，他一生都致力于传播佛教。他于2009年去世，享年101岁。我现在作为第十二代住持，执掌位于东京都世田谷区野泽的大泽山龙云寺。

龙云寺是一座始建于日本江户时代中期元禄十二年（1699年）的禅寺。以历史事件为参考的话，元禄十五年（1702年）是世界闻名的“赤穗浪人复仇事件”[2]发生的那年，当时是江户幕府第五代幕府将军德川纲吉当政的时代。

佛教是由出生于印度的释迦牟尼于公元前500年左右创立的。后来，菩提达摩将释迦牟尼宣扬的佛教从印度引入中国。禅宗始于菩提达摩，后来在中国得到了很大的发展。

当时，许多日本僧人都前往中国，寻求禅宗指点。

1 禅宗主要流派之一。——编者注

2 元禄十四年（1701年），赤穗藩主浅野长矩奉命接待天皇使者，受吉良义央愚弄而失礼，浅野长矩愤而伤害吉良义央，违背了法律，被判切腹。元禄十五年（1702年）12月15日，46名赤穗浪人包围了吉良府，割下吉良义央的首级，前往亡君浅野长矩之墓祭拜，然后从容自尽，被称为赤穗浪人复仇事件，也称赤穗事件。——编者注

目前，日本的禅宗分为三个宗派，分别是镰仓时代初期建立的临济宗、曹洞宗，以及江户时代初期建立的黄檗宗。

今天的日本临济宗的教义，是由江户时代中期的禅宗僧人白隐慧鹤禅师发扬光大的。

用来传达禅宗教义的语句，叫作禅语。

有些禅语摘自《论语》，有些则直接取自作为禅文化基础的茶道精神。

此外，江户时代后期的禅宗僧人良宽禅师的名言有时也被用作禅语。

禅语并不拘泥于语句的时代背景。在禅宗悠久的历史中，许多禅僧都感悟过生活的哲学，并将其发扬至今，这些都是禅语。

禅语是一些具有普遍价值的光辉的文字。

攀登完
五十二级阶梯，
你就会
自然开悟

在佛教世界中，据说要攀登五十二级阶梯才能摆脱迷惘，达到开悟的境界。攀登完所有的阶梯，就能得证菩提，修成佛陀。

因此，在这本书中，我准备了五十二句禅语。

一个人的一生，会先后经历“青春”“赤夏”“白秋”，最后走向“玄冬”岁月。本书选取的禅语，也是按照生命的季节来分组的，并按照追踪人的一生的方式渐次展开。

这本书的重要之处就在于留白。禅语本来就没有所谓“正确”的解读。对于每一句话，你可以自由地体悟和思考。

因此，我对本书中的禅语没有进行一般性的解释或说明。

取而代之的是，我给每句禅语都配了一句留白性的话和插图。

这种留白也有“不期而遇”的意思。阅读禅语，你的心灵会偶遇怎样的起伏?

我希望你能珍惜机会，进行内省和反思。

禅宗的教义是“不立文字”，即“禅家悟道，不涉文字，不依经卷”。

其实，它并不能用语言或文字完全表达出来。

禅宗僧侣经常把开悟比作“见月”。

禅语只是指向月亮的“手指”。然而，人类往往过于关注“手指”本身。

重要的不是关注“手指”，而是关注我们的内心，并且接受当下。

结束这五十二条禅语之旅的时候，你心中会有一轮怎样的明月？

那么，下面就开始这段旅程吧。

让我们一边翻页，一边心怀接纳，感受内心深处的悸动。

进而体会心中的微澜，以及随后的宁静。

也让我们好好思考一下生活的意义。

细川晋辅

目录

序章

春之章

夏之章

秋之章

冬之章

终章

序章

不立文字
教外别传

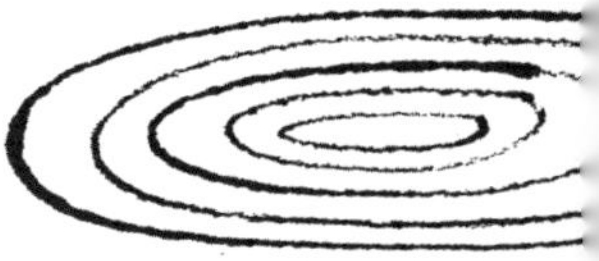

心与心之间的
沟通，
最值得珍惜

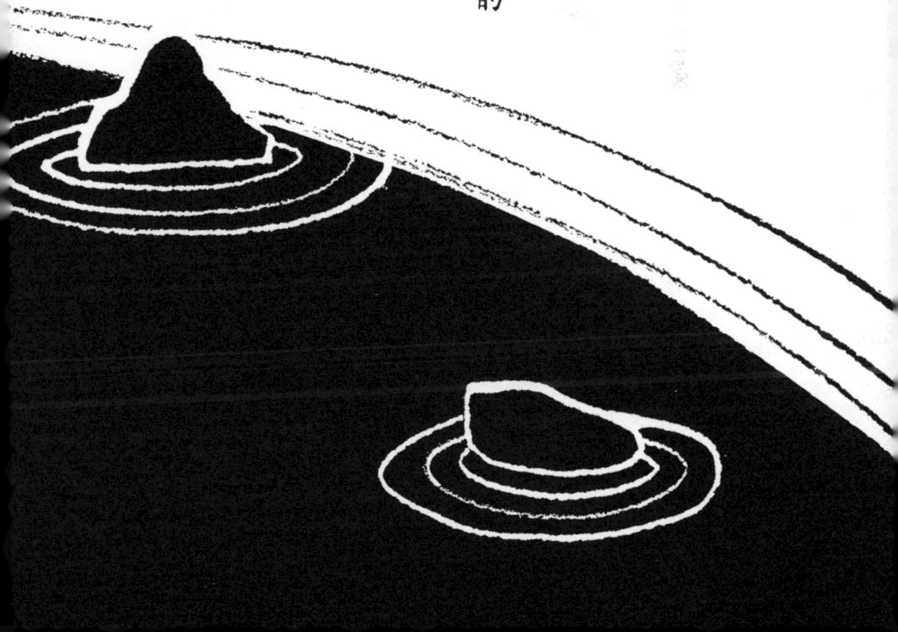

不要被语言和文字
限制、束缚。
能够超越字面意思
传达到我们内心的东西，
最值得珍视。

禅语只是
生活的小提示。

真正重要的，
在我们的日常生活中，
在我们周围的大自然中，
在我们身边。

让我们聆听内心的真谛。

在心中掀起小小浪花，
去感受它，
去寻找——

生命的真谛。

春之章

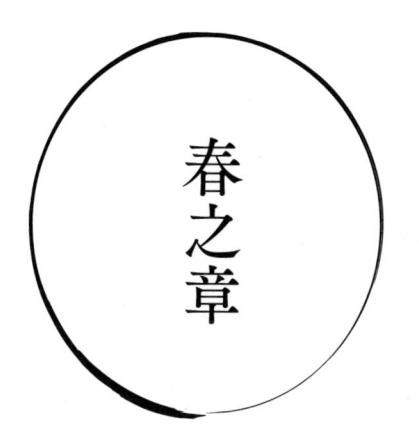

一期一会

眼前之物，最不能草率对待

人生就是一连串的相遇。

我们不仅遇到了人，

还遇到了

书籍、电影、

物品、风景，

以及我们眼前的这一切。

我们的生活，

本质上就是一次又一次的相遇。

相遇是：

一期（一生）

一会（一次的相遇）。

只有抱着这样的心态，

才能充分把握

人和人之间相遇的“缘”。

对于遇到的人，

说一声——“感谢有你”。

对于出现在面前的东西，

道一句——“谢谢你的出现”。

以一期一会的心态生活吧！

每一分每一秒都要记得，

绝对

不要虚度此生。

天上天下

唯我独尊

世间所有的存在
都很宝贵

从天上到地下，
世间所有的生命
都很珍贵。

我的生命无可替代，
所有其他生命，
也都是不可替代的。

每个人都很重要。
每种存在都很重要。

自己、
父母、
朋友们、
狗和猫、
昆虫和鸟儿、
家里的柱子、
花盆中盛开的花儿、

窗外的绿树、

路上的陌生人，

大家都生活在同一个时代。

生命的重量

没有差别，

大家都在宝贵的时光里，

全力以赴地活着。

啐啄同时

没有
偶然的相遇，
只有
必然的相逢

“啐”说的是

雏鸡从鸡蛋内部向外戳。

“啄”说的是

母鸡从鸡蛋外部向里啄。

啐和啄配合得宜时，

一个新的生命就诞生了。

没有

偶然的相遇，

只有

必然的相逢。

正是因为

像“啐啄”这样的机缘出现，

人生的每一天，

都是新的一天。

就算遇到好事又怎样？

遇到不好的事情又怎样?

这些事情都是不可避免的。

那些好事,

可以大大拓宽梦想。

那些坏事,

将给予人生小小试炼。

春色无高下
花枝自短长

若能保有『自我』，
大可不必
与他人比较

无论何年，春天都会到来。

不过呢，

有早早盛开的樱花，

也有慢慢绽放的樱花；

有的樱花枝长得很短，

有的樱花枝长得很长。

但是，

比较这些有什么意义呢?

早一点儿挺好，

晚一点儿也没关系；

洁净很好，

脏一点儿也没关系；

短的很好，

长的也没关系。

即使存在差异，

樱花还是樱花啊！
每一朵、每一朵，
只要奋力绽放，就是好事！

人只要活着，
就会意识到与他人的差异。

但是，
比来比去有什么意义？

即使存在差异，
可别人是别人，
我是我。
只要自己
努力生活，
心就不会被别人牵着走。

白马入芦花

专注于眼前的事物，
定能拨云见日、
茅塞顿开

就算有像我的人存在，

我还是唯一的我。

心存这样的想法，

我将与我面前的一切

融为一体。

就如同融入芦花中的

一匹白马。

与其彰显自己是不一样的颜色，

是更明亮的存在，

不如

不动声色地

试着把整个身体没入芦花丛中。

即使是

不喜欢的事，

也要努力做到，

使其融入一片无法辨别的白色中。

如果你这样做了，

道路

自然会开阔。

如果你这样做了，

定能拨云见日、茅塞顿开。

冷暖自知

先试着
做做看吧

水是冷的还是热的，
你自己摸一摸，
就知道了。

不要漫无目的地
等待别人向你解释一切，
不要因为手足无措
而错过机会。
在任何情况下
感到迷茫时，
首先要
自己实践一下。

与其因为什么都没做而后悔，
还不如试试看。
“如果不做就好了。”
可能这种后悔更好吧？

就算后悔，

自己也是“试着做了的自己”，

是“和之前稍微不一样的自己”。

如果做了，

后悔也没事。

“如果不做就好了。”

那样的后悔，也是没事的。

掬水月在手
弄花香满衣

用手掬水的时候，
手中的水里
映着一弯美丽的月亮。
轻轻触碰花的时候，
你的衣服
也会充盈着香气。

即使
你很想看到幸福，
但幸福是无形的，
用眼睛是看不到的。

但是，
人的每一次行动，
都能切身感受到
幸福的存在。

在有限的事物中，
也能感受到
无限的生命。

希望你给我带来幸福，
希望你让我看见幸福，
我以前从未见过幸福。
不要发出这样的哀叹，
要自己迈出第一步。

放眼世界，
世界上充满了
可以丰富你心灵的事物。

幸福是能感觉到的。

幸福，
总是就在那里！

镬汤无冷处

努力生活的人
没有时间可以浪费

在烧开的水中，
一滴冷掉的水
都没有。

据说，
一位优秀的茶道大师
会让壶中的水
一直保持烧开的状态，
以便随时款待前来拜访的人。

“念”这个字，
写法表示“现在的心”[1]。
所谓的“正念”，
也就是此时此刻的心。
把你的心，
放在这一刻，
纯粹而简单地活下去吧！

1“念”字拆开是“今”字和“心”字，“今”在日语中的意思是“现在”。——编者注

这，就是
正念的传承。

人总是
向“死”而生。

这就是为什么
每时每刻
都不要小看正念的力量。

我们没有时间
等待热水变冷，
也没有时间可以拿来浪费。

年年岁岁花相似
岁岁年年人不同

诸行无常，
方为人生

今年的樱花，
也照常盛开了。
年年两个人一起共赏的
盛开的樱花树下，
如今
只剩我独自伫立。

世间的真谛就是：
诸行无常。
没有什么是永恒的。
没有永远的青春，
没有永恒的生命。
这就是为什么我们应该活在当下。
就算是每年都会绽放的樱花，
也绝对不会和去年一样——
而是经受了冬天寒冷的空气，
怀着各种各样的想法，
才终于绽放的花。

哪怕花只开了三分钟，
也不要抱怨。
被视为每年理所当然盛开的花，
都是在一连串的奇迹发生后，
才绽放的花朵。

今年盛开的樱花，
谁也不能保证它
明年还会开。
就像
今年一起看樱花的人，
明年不一定还会在你身边一样。

抬头仰望，
花瓣飘舞，落英缤纷。
即使没有完全盛开也很美，
即便只开了三分钟也很美。

百花春至为谁开

绽放吧，这生命本来的模样

花儿为了谁而盛开?

也不是为了谁吧?

也不是为了什么吧?

花儿

将自己的生命

尽情挥洒,

只是绽放,

无私地、

尽情地绽放。

人类的心灵,

被它的美丽、

它的坚韧,

深深感动。

那么,

人是为了谁而活着?

人活着是为了什么?

为了被称为了不起的人?

为了让人羡慕?

为了被大家关注?

人，

也是花一样的生命。

只是努力活着，

只是活出本来的样子，

就好。

除此之外，

别无所求。

夏之章

一日不作
一日不食

享用食物，
也要
尽到自己的责任

这句话并不意味着
“不工作就没有饭吃”。
它意味着，
在你没有尽到责任的那一天，
是不配享用饭菜的。

人不是为了吃饭而工作的，
我们工作是为了尽到自己的责任。

我们之所以活着，
是因为我们
在这个世界上的每一天，
都在接受生命的馈赠，
都在
尽一份责任。

既然
我们得到的是生命，
那么我们应该怎样
报答这份恩情呢？

为社会做贡献，

做一些能让很多人感激的事情。

不一定要做多么伟大的事，

只要做你现在能做到的事。

要自信地做，要全力以赴。

这就是尽自己的责任的意义所在。

一边尽自己的责任，一边好好生活吧。

为此，我们每天都要吃饭。

不仅仅是为了活着，

不仅仅是为了吃饭。

忘筌

不要混淆
『目标』和『手段』

筌是一种竹子做成的
用来捕鱼的工具，
一旦人们抓到了鱼，
往往就会把工具
抛在脑后。

坐禅也好，
禅语也好，
都是为你整理心情
准备的工具。
坐禅的形式并不重要，
也没有必要太重视禅语。
它们只不过是
让所有人达到开悟境界的工具。

我们常常很快就会忘记
自己的初心，
尤其是那些仅仅因为喜欢而开始的运动。

仅仅因为喜欢
而开始的爱好，
会在不知不觉间
让我们痴迷于
拥有华丽的工具。

工具终究只是
达到目的的一种手段。

不要忘记初心，
不要让你的思想
被琐碎的事情所困。
如果你的思想被束缚了，
包括工具在内的一切，
你都应该扔掉。

只有将内心清零，
才能找回初心。

眼横鼻直

不要被别人的意见或自己的偏见左右

人的眼睛是左右并列的。
人的鼻子是挺直的。

实事求是地
看理所当然的事实，
并理解它的真实性，
这需要很长时间。

这是因为：
人会被别人的意见左右，
也会带着自己的偏见看问题。
大家都太忙了，
忙得无暇顾及眼前的事情。

因为那些显而易见的事实
你都没有看见，
所以无法注意到
眼前的幸福。

幸福如此之近，
明明就在我们身边。

一天有早晚，
一年有四季。
人们不断奋斗着，
走着弯路，
绕着远路，
直到懂得感恩的那一天。

当你转了一圈，
回到原来的地方，
你将第一次意识到
幸福在哪里。

幸福就在那里。

非风非幡

错的不是这个世界

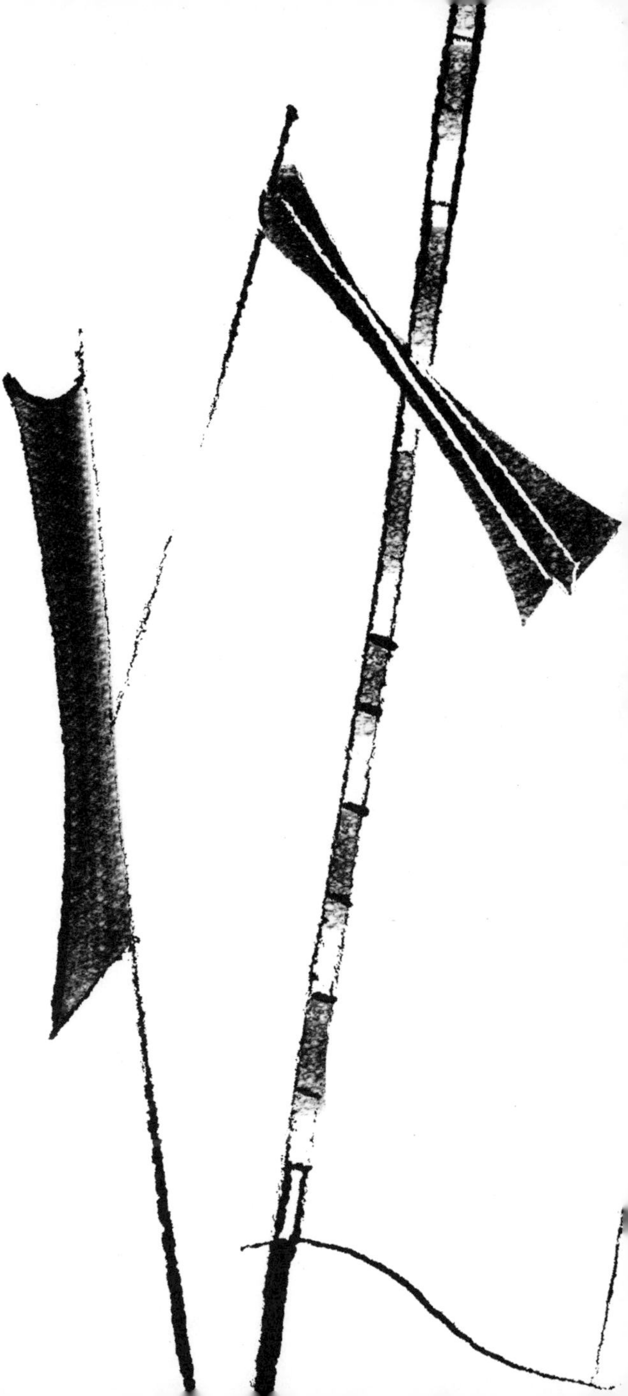

幡在风中飘扬，
发出啪嗒啪嗒的拍打声。
这是因为幡在动吗?
还是因为风在动呢?

不，这是因为我们的心在动。

一旦有事发生，
就怪时运不济，
抱怨周围的环境很糟糕?
要多反省自己，
而不仅仅是
指责社会。
试着把自己
想象成幡。

不动摇，

不被风吹动，

不慌张，

不被环境左右，

而是正视自己的心。

真相总会水落石出。

扶过断桥水
伴归无月村

即便身处困境，
只要有『拐杖箴言』
就能走下去

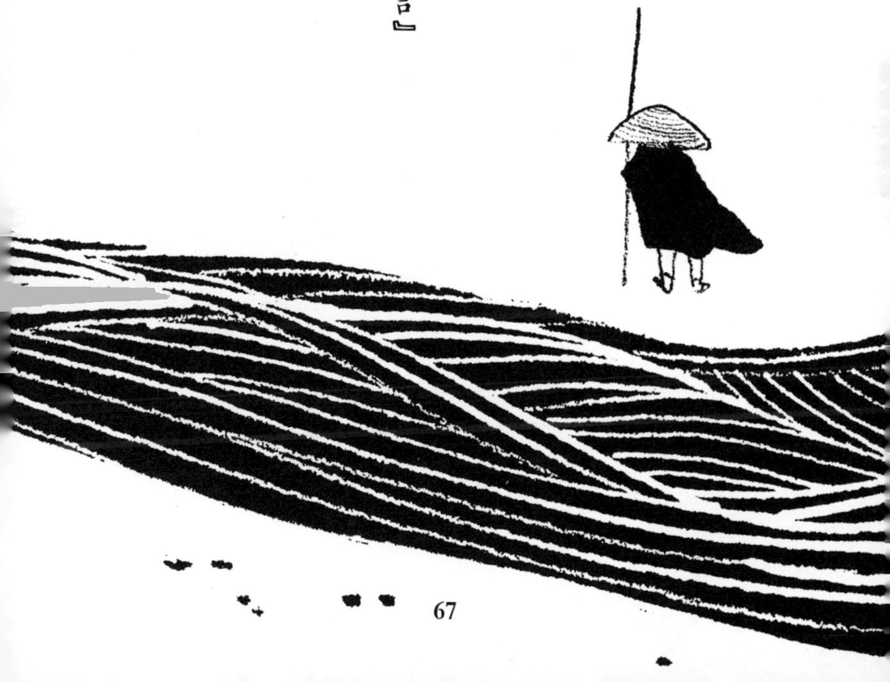

人生，
就像过一条没有桥的河，
就像在新月之夜的黑暗中前行。
那时，能帮助我们的是一根拐杖。

感到迷茫的时候，
如果有能够支持你的话语，
你就不会折服，能够继续前进。

当你觉得自己误入歧途，
如果有一句能够安慰你的话语，
你的内心就不会动摇。

把“拐杖箴言”

放在心上，

去深入了解真实的自己吧。

问问自己：“我是谁？”

经常询问自己这个问题。

然后，

向前走。

珊瑚枕上两行泪
半是思君半恨君

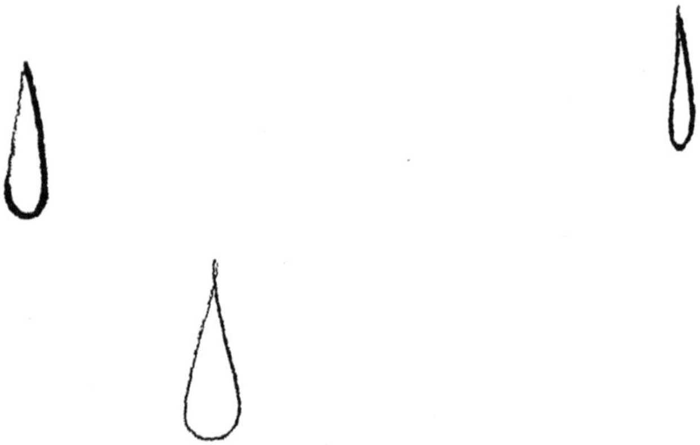

接受忠言逆耳
并将其作为
心灵的食粮

我在哭泣，
因为我的爱人不肯来。
我想念着他，
可我也怨恨着他。

一个人有两种想法
是很重要的。
忠言逆耳，
首先要做的是接受忠告，
但不要从此一蹶不振。
还要对对方说的忠言表示感谢，
并认为这是可以鼓舞人心的。
你的脑海中要同时有这两种想法。
有了这两种想法，
让我们向前迈出新的一步吧！

不要把时间
浪费在找借口上，
找借口只会浪费心力。
不要让自己
背负的外壳变硬。

自己身上的外壳，
要自己去打破。

上善若水

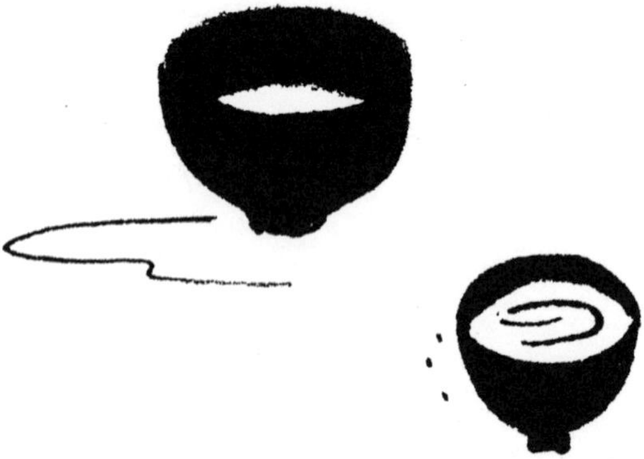

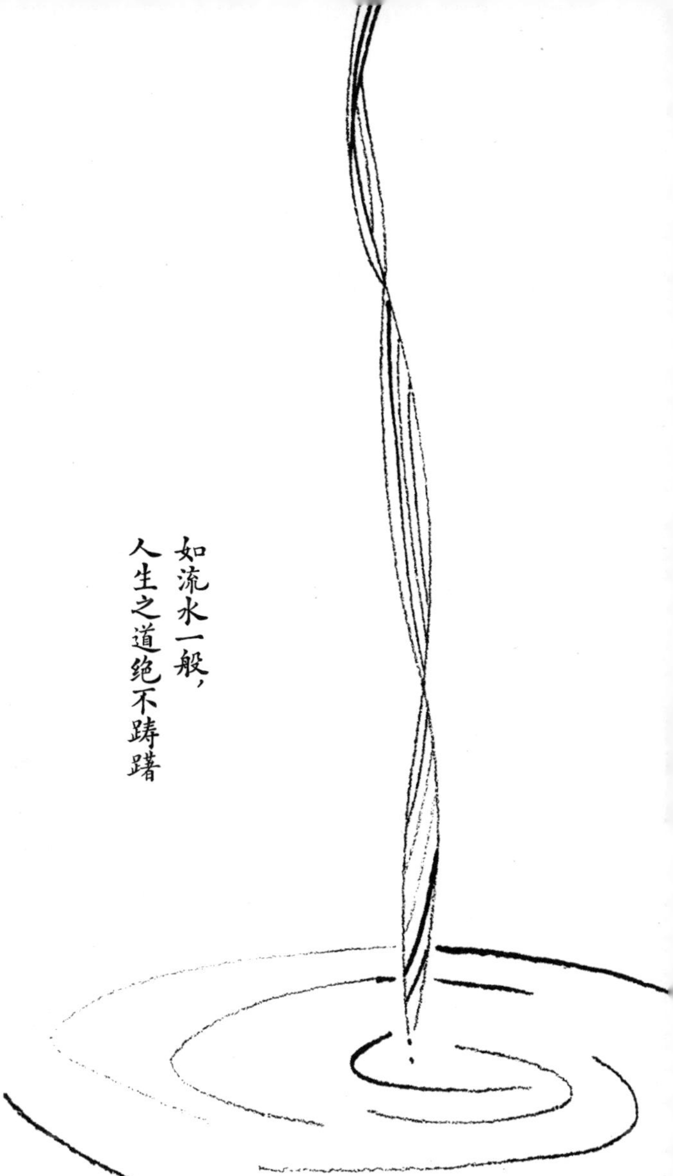

如流水一般，
人生之道绝不踌躇

一个达到“上善”境界的人，
能够恩泽万物，
不与万物争锋，
宁愿去许多人不喜欢的地方。

如果他在一个圆形的容器里，他就是圆的。
如果他在一个方形的容器里，他会变成方的。
他可以自由地置身于各种环境中，
就像水一样。

水从高处到低处，
完全自然地流淌着。
不是因为那样有利可图，
也不是因为那样会有回报。
它只是无欲无求地流淌着。
偶尔，
展现其足以劈开岩石的威力。

此外，

水从来不会

在同一个地方停留，

总是从高处往低处潺潺流淌，

从未停歇。

人也一样。

不要拘泥于一件事，

要像流动的水一样

不留痕迹地生活。

如果前方有阻碍，

就悠然自在地改变流向，

继续前进。

偶尔，

化身为可以移动大石头的湍流。

像水一样无欲无求地生活吧。

那是一种更好的生活。

与天下人作阴凉

能让一个人幸福，
就是一件幸福的事

大树伸展树枝，形成树荫，
自己却沐浴在夏日严酷的阳光下。
它的树枝带来凉爽的微风，
给那些在树荫下休息的人带来安慰。

大树展开叶子，
就可以形成能供人们休息的地方——阴凉。
我们也可以
为别人带来凉爽的风，
收获一句句“托您的福”。

可以从小事做起。
例如，
把穿过的拖鞋放好，
保持公共环境整洁，
即使是陌生人，也可以带给对方安心感……
从这种小小的“托您的福”着手吧。

不一定要为所有人做贡献，
只是为了某个人也很好。

那种自己能帮上忙的感觉，
就是生活的乐趣。

安禅不必须山水
灭却心头火自凉

为无可奈何之事哀叹，
是浪费心神

能够专注地坐禅的地方，
不一定非得是一个安静、纯净的地方，
想寻求超能力，
比如把热的火焰变冷，这不是禅宗。
火是热的——
能原原本本地接受这一点，
就达到了凉爽的心境。

在这个世界上，
没有不存在冷热之分的地方，
也没有不存在生死之别的地方。
天气炎热时，我们就接受炎热；
天气寒冷时，我们就接受寒冷。
活着的时候，要全身心地好好生活；
死亡到来时，要拥抱和接纳死亡本身。

尽管现在还活着，
但是自己可能会死，
最好不要如此悲观。

为无可奈何之事哀叹，是浪费心神。

接受事物的本来面目，
专注于眼前的事物，
让身体和心灵平静下来。

不要把“不自然”的东西带进你的生活。

香严击竹

我是谁？
这个问题总是在我心中
掀起波澜

一个名叫香严智闲的禅师，
正全神贯注地打扫卫生。
不经意间，一块石头飞进竹林，发出咔嗒一声。
正是那一声，
让他得到了
“我是谁”这个问题的答案。

仅凭别人的话语
或者书里的知识，
你是无法得到答案的。
你必须问自己，
直面自己的内心。
从你的内心得到的，
才是真正的答案。

磨砺你的大脑，厘清你的思绪，
经常问问自己——

我为什么而活?

我活着的意义是什么?

在心中掀起波澜的同时，

找出什么是人生中最重要的事。

“咔嗒！”

也许有一天，

在一个偶然的机会，

你的心里，

也会响起这样的声音。

秋之章

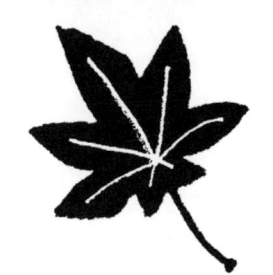

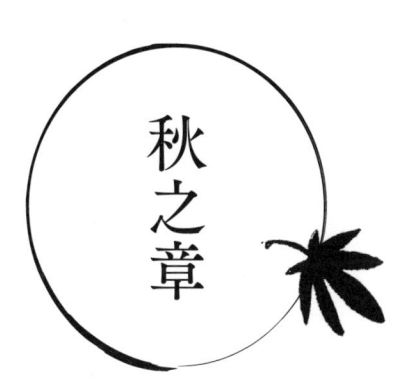

廓然无圣

不被
任何事物束缚

在中国南北朝时期，梁武帝问菩提达摩：

“我建造了许多寺庙，

供养了很多僧人，

这有多少功德？”

菩提达摩回答：

“实无功德。”

不满于他的回答，

梁武帝进一步问道：

“禅的本质是什么？”

菩提达摩回答：

“廓然无圣（大悟之境界，那里并没有神圣的东西）。”

梁武帝感到沮丧，问道：

“你是谁？”

菩提达摩说：

“不知道。”

做善事，并不是为了寻求回报。

学禅可以带你通往

别人去不了的圣洁世界。

神圣与平凡、

善与恶，

这些概念之间没有可比性。

你只是到达了一个没有束缚的状态。

我是谁？

我不知道。

正是因为不知道才有意思。

正是因为不知道，所以才能

在深入思考的同时，

过好属于自己的生活。

手放没深泉
十方光皓洁

任何东西
都不要抓住不放

水面倒映的月亮偷走了我的心。
我用左手抓住树枝，
用右手去捞月亮。

如果放开树枝，
毫无疑问，就会像猴子一样，
坠入深深的泉水中。
但就在那时，
我第一次注意到，
水面的月亮是假的，
真正的月亮在天空中闪闪发光。

人也总是
执着于很多东西，
地位、名声、荣誉，
以及积累的知识和经验等。
究竟什么是最重要的？
估计数都数不过来吧？

这一次，
试着放手吧！

掉进泉水里，
一个人拼命地挣扎，
那段时间会非常痛苦。

但是，
当你浮出水面，
你就会感觉到
自己沐浴在真实的月光下。

这才是能被感觉到的，
名为“真正的幸福”的月光。

体露金风

没有什么
是不能放下的

在一望无际的晴空下，
吹来一阵惬意的秋风。
用全身去感受它吧！

抛下你的迷茫和烦恼吧！
想要出人头地，
想要出名，
想要得到别人的称赞……
那些欲望，
全部都放下。
好好享受
那漫天秋风吧！

展现在你眼前的是
金灿灿的稻穗。
现在存在于这里的，
只剩一颗觉得非常美丽的
朴素的心。

实事求是，
如实接受
清爽的心。

迄今为止的人生，
好事也罢，
坏事也罢，
让我们全部都放下。

只有这样，
你才能顿悟。

昨夜一声雁
清风万里秋

某一刻，
人会明白
活着的意义

经过漫长的修行，
修行者终于开悟，
从烦恼中解脱出来，
感受清爽、纯净的秋风。

不仅仅是修行者，
任何人都会有烦恼：
关于工作、
关于房子、
关于育儿、
关于未来。

但是在日常生活中，
如果不忘记那些令你感动的事，
就会在某一刻，
发现自己活着的意义，
就能摆脱烦恼。

然后，

你就会拥有

一颗澄明的心。

枫叶经霜红

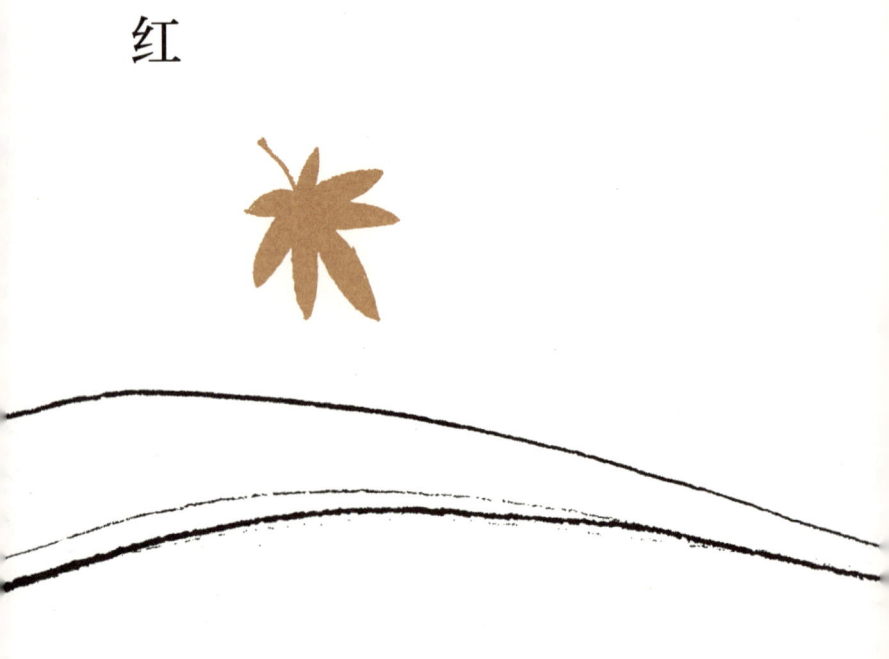

艰辛时刻
更显人生灿烂

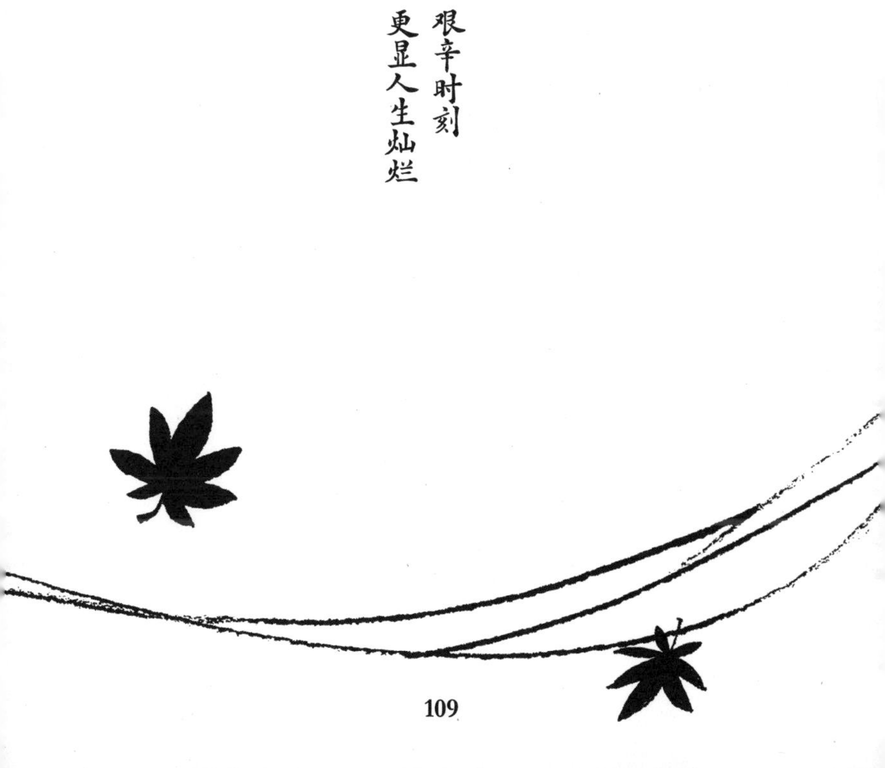

枫叶啊，
美得沁人心脾。
正因为经受了寒霜的洗礼，
它们才鲜红似火。

人也一样，
只有经历过苦难，
人生才会变得丰富。

经历一百件快乐的事，
再经历一百件悲伤的事，
人生并没有正负相抵而归零。
一百件快乐的事，
一百件悲伤的事，
加起来就是经历了两百件事啊！
接受这一切吧。

跨越严寒，

就会迎来

人生中最美的“红叶时节”。

溪深杓柄长

自己
是无法超越的

有个年轻的修行僧问老和尚：
“‘祖师西来意’是什么意思呢？”
——这个问题是在问禅的真谛是什么。

老和尚回答道：
“溪深杓柄长。”
如果山谷很深，水流很远，就用长柄勺舀水。
如果山谷很浅，水流很近，就用短柄勺舀水。

听别人说话时，
不要否定对方，
也没必要反驳。
当然，
也不要将自己的观点
强加于人。

根据对方的能力和环境，
随机应变，

和睦相处吧！

试着想一下：

对对方来说，

什么是最好的？

不避讳，

不质疑，

伸出自己的手。

这就是

那些年长者的作用啊！

云无心以出岫

鸟倦飞而知还

人终究是自然的一分子

白云不断地
从山谷中飘出。
鸟儿飞累了，
纷纷回到自己的窝里。
鸟无心，
云也无心，
这一切并非有意为之。

云随风而动，
鸟顺时而为。
这一切
既没有钩心斗角，
也没有讨价还价。

自由地在空中飞翔，
自由地飘浮在空中，
那里有的只不过是
自由的心灵。

无论

文明如何进步，

人类终究是

自然的一部分。

自由自在地行动，

接受眼前的一切，

像流水一样，

不留痕迹地活下去。

毕竟，

在大自然中，

一切都只是小事罢了。

话尽山云海月情

去和信赖的朋友说说话

大自然赋予我们
各种理所当然的事实。

山在诉说什么，
云在诉说什么，
大海在诉说什么，
月亮在诉说什么。
你从中能感受到什么，
取决于你看或听时的心情。

提高心灵接收器的灵敏度吧，
用心感受
大自然想告诉我们的事。

我们是看着同样的大自然长大的。
偶尔和可以信赖的朋友
说说话吧。

就像云会不断地从山间涌出来那样，
话是永远说不完的。

只在此山中
云深不知处

其实，
每个人都有一颗
有悟性的心

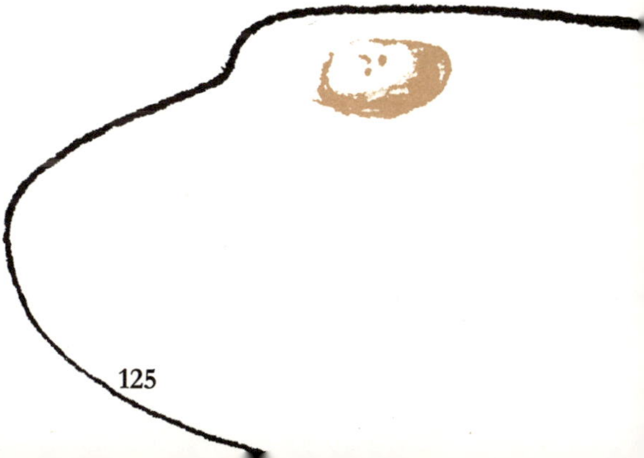

人，

本来就有一颗坦率的心。

只是因为云深雾浓，

所以看不到。

每个人，

都有成为开悟者的可能性。

把悟到的东西变成属于自己的东西，

而不仅仅是获取的知识，

这一点很难做到。

然而，

阻碍我们的东西并没有远在天边，

甚至没有远离我们的身体——

是那些

名为迷惘、烦恼、妄想、杂念的“云”。

我们只是

看不见自己纯洁的心而已。

只要拨开眼前的“云”，
就能看到它。

幸福就在这里，
在自己心中。

不是为了得到回应而笑，
不是为了得到回应而哭。
想笑的时候就笑，
想哭的时候就哭，
与虚荣和体面无关的
婴儿般的心在哪里？

它就在你自己身上。

破草鞋

即使处在『空无一物』
的境界，
也不容许停歇

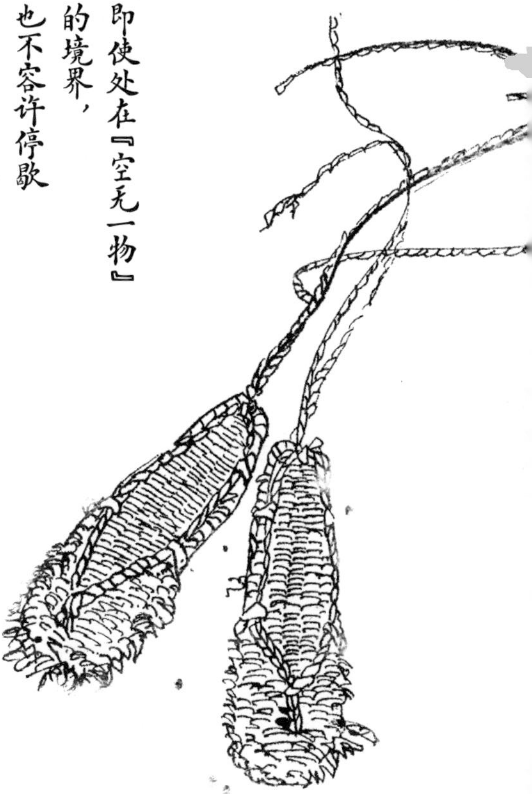

破草鞋，

就是破了洞的草鞋，

是对我们毫无用处的东西。

断绝一切杂念，

让自己处于“空无一物”的境界吧。

然后，

舍弃那种会被别人夸赞的绝妙境界——

它看上去是一种开悟的境界，实际上还差得远呢！

它甚至无法

让人与悟性、圣人

联系起来！

做个大傻瓜吧，

只有放下包括自己在内的一切，

才能真正到达“空无一物”的境界。

自己好像一无是处？

可就算是破草鞋，

也依然存在着。

在不为人知的情况下过好自己的生活，

那样就好。

至今学到的东西，

至今构筑起来的东西，

全部都忘掉吧。

然后，

重新拾起来。

重复无数次，

无数次。

微风吹幽松
近听声愈好

多留心
那些以往没注意到
的地方

微风轻拂静谧的古松，
因为我就在它旁边，
正在侧耳倾听，
才可以清楚地听到风的声音。

倾听别人的烦恼时，
面对面很重要，
但是，
不能面对面看向不同的方向，
而是要并肩靠在一起。
从同一个角度看事情——
这是最重要的。

灵魂不会呐喊，
别人的心情也不能大声说出来。
如果不侧耳倾听，
就什么都不会知道。

以倾听为中心，
和对方站在同一个角度上，
就能更好地理解对方的感受。

静静地坐着，
洗耳恭听吧！

即使超越了五感的范围，
也一定会有
你能听到的东西。

吾心似秋月
碧潭清皎洁
无物堪比伦
教我如何说

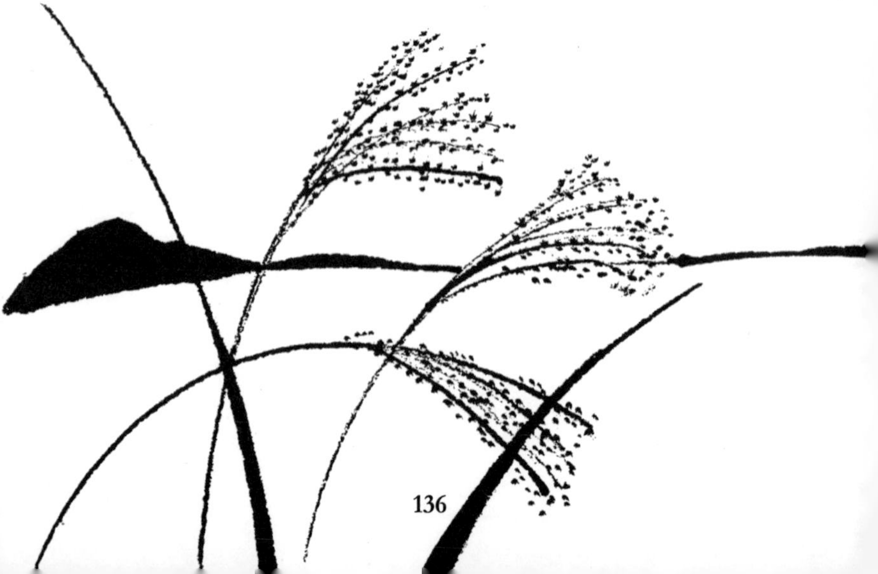

开悟的心灵，
如秋月般平和

在心的波澜深处，
去发现真正的自己吧！
它如秋月般皎洁，
无法用语言形容。

试着在心中掀起波澜吧！

自己活着的意义是什么？
自己应该履行的职责是什么？

问问你自己。
当你用自己的力量平息波澜的时候，
就能看清内心最深处。

你会看到一个言语无法形容的、
安静的世界。

南岳磨砖

重要的是心，
而不是技巧

从前，中国有一位南岳禅师。

一个名叫马祖的弟子努力坐禅，南岳问道：

“你坐禅是为了什么？”

马祖回答：

“是因为我想成佛。”

听罢，南岳开始打磨瓦片。

马祖问道：

“您打磨瓦片做什么？”

“我想把这块瓦片磨成镜子。”

“可瓦片再怎么磨也不可能成为镜子啊！”

南岳说道：

“同样地，你坐禅也不可能成佛。”

不要被坐禅这种形式束缚，

不要以为那就是禅。

坐禅的技巧并不重要，

重要的是心。

如果只注重技巧，
心思并不在上面，
不知不觉
就会心不在焉。

人的一生也是如此：
如果只看重形式，
总有一天会迷失自己。

不要忘记
本来的目的是什么，
本质是什么。
你必须让自己的心沉静下来。

堪对暮云归未合
远山无限碧层层

正因为把握不了明天，
所以要重视每一天

深秋的黄昏，
绯红的云飘过，
眼看就要跟山合为一体了。
远处的群山
在云层间忽高忽低，
层层叠叠、绵延不绝。

人生就像一场漫长的旅行。
然而，
谁也不知道明天会发生什么，
甚至不知道明天会不会来。
正因如此，
每一天
都可以看作生命的黄昏。

今天也活得无怨无悔吧?

今天也做了该做的事,

然后回家了吧?

今天也活下来了吧?

请时常这样询问自己的心。

冬之章

日日是好日

坏日子
也是好日子

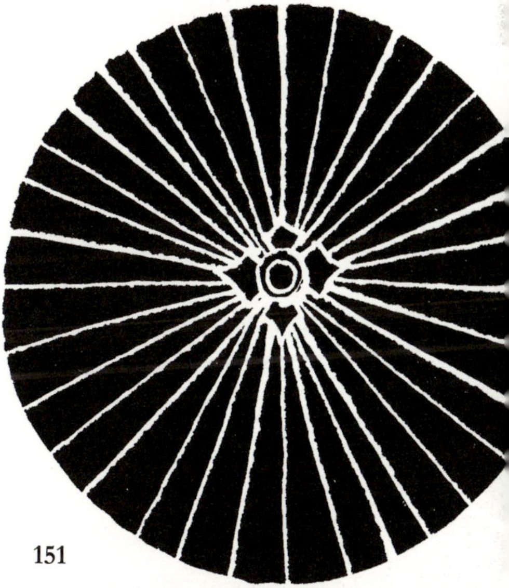

好日子，
并不意味着“美好的日子”。
好日子，
是指为了生活而度过的
“有意义的日子”。

有的时候，
也会遇到无法微笑着度过的
悲伤的日子，
也会有目送重要的人永远离开的
痛苦的日子。

不是只有好事发生。
这，就是人生啊！

就算如此，
我们也不会说
每天都是坏日子。

即使悲伤的事情不断发生，
它们也一定能
变成美好的经历、
美好的回忆。

再坏的日子，总有一天会变成好日子。
再糟糕的关系，总有一天会变好。
让我们成为这样的自己吧。
为了这个目的，
每一个今天都要努力活着。

难过的时候，就发自内心地难过；
生气的时候，就发自内心地生气；
想笑的时候，就发自内心地笑吧！

努力地活着，活着，活着。
不要浪费当下的每一天。
这就是活着的意义。

好雪片片
不落别处

无惧无忧，接纳一切

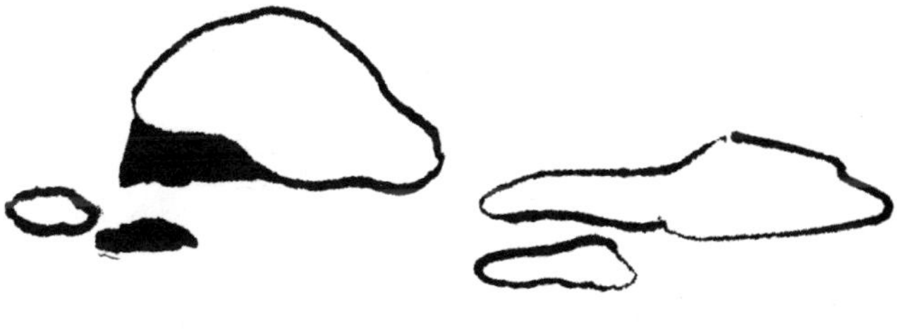

雪

从天而降，

一片，一片，

落在

应该落下的地方。

落在

应该安定下来的地方。

同样地，

人生的悲伤、

痛苦，

也仅仅是

落在

应该落下的地方罢了。

那么，

如果没有逃避的办法，

就接受吧！

如果逃不过“死”，

就去面对“死”，
并且在剩下的“生”的时间里，
好好珍惜吧！

就像用双手
接住片片雪花一样，
没有什么
是值得畏惧的。

吾道一以贯之

要认真对待
眼前的每一件事

不是

只专注于一件事，

而是珍惜

眼前的每一件事。

这就是

我贯彻始终的“一”。

做饭、

吃饭、

打扫、

洗衣、

工作、

和孩子一起玩耍、

以兴趣爱好娱乐、

睡觉……

一件又一件事，

你都要全神贯注。

你就会看到，
自己应该走的路。

一边乐在其中，
一边明确自己的路。
这就是“道乐”。

即使遇到了
自己不想做的事，
也不要关闭自己的内心，
而是要让内心保持“开启”状态。

你眼前
会出现一件又一件事，
珍惜它们，
同时努力生活吧！

红炉上一点雪

过好今天

一片片雪花，
飞舞着飘落
在通红的炭火上。

雪花一瞬间
就消失不见了。
这是没有办法的事。

人总是难逃一死，
然后——
然后
只会消失。

一个人从出生的那一刻起，
就在为了走向死亡
而活着。

正因为是向着死亡
而活着，
更要拼命地活着。

对于生活，
放下执念吧！
对于死亡，
放下恐惧吧！

别动摇
你的内心，
向着死亡
活下去吧！

努力活在当下。
今天也
好好地活着吧！

松树千年翠
不入时人意

正如松树四季常青，
人生的积累永远不会褪色

松树四季常青。
在落叶树的叶子
全都枯萎、掉落的冬天，
松树的青翠
格外显眼。
那种颜色，
不是一朝一夕
就能形成的。

人生也是如此。
人们在生活中
花很长时间
不断积累的
知识和经验，
也永远不会褪色。

以松树积累千年的思想为信念
活着的人，
就把自己的知识和经验，
毫不吝惜地
传给下一代吧！

年轻一代，
不要只是等着
被人教导，
而是要用心吸收
自己需要的知识。

毕竟，松树只是静静地站在那里。

应无所住而生其心

心若不能自由，
那就不需要什么『信念』

人的心，
是被信念束缚的：
我要这样活着，
我这样做就能赢。

可是，
一旦受挫，
越坚定的信念，
就越无法复原。

心可以更加自由。
如果你不执着于一个地方，
心就可以自由自在地移动。
不要把心放在任何地方，
因为心总是
无处不在。

达到这种自然的状态，
就能得到一颗强大的心，
即得到一颗“不动心”。

让我们凝视心灵的支柱，
只要有一根“筋骨”贯穿始终，
支柱就可以摇晃。
随它去吧，
让它自由行动。
摆脱
那些束缚你的东西吧！

不要让所谓的坚定信念，
使你的人生
变得贫穷。

把手共行

人从来
都不是独自生活的

所谓幸福，
并不意味着要让自己快乐。
所谓幸福，
就是让别人快乐，
并和对方一起走下去。

所谓幸福，
就是不被梦想和理想
左右，
与“真正的自己”
一起生活。

什么是幸福？
即使不得不和重要的人
永远地分别，
从今以后，
那个人——

让我高兴的事、

让我微笑的事、

教会我的事、

让我生气的事，

以及从他身上感受到的事，

将和我一起

活下去！

虽然人世间

总会有分别，

但离去的那个人，

依然在我们心中活着。

永远

和我们一起活着。

看脚下

遇到困难的时候，
先看看脚下吧

遇到困难的时候，
先看看脚下吧。

在黑暗的夜晚行走，
灯火比什么
都可靠。
那么灯火熄灭的时候，
该怎么办呢？

失去给我们指明前进道路的
师父时，
失去一起走过人生的
可靠伴侣时，
我们该
怎么办呢？

不必惊慌。

在那种情况下，

看看自己脚下就好。

与其担心

自己今后

会变成什么样，

不如看看自己站的地方。

以脚踏实地的态度

活下去。

风吹不动天边月
雪压难摧涧底松

想要拥有
不畏任何困难的意志

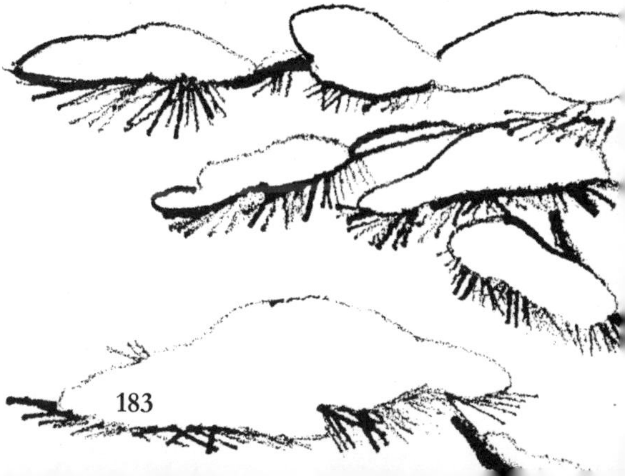

即使有风吹过，

天上的月亮

也不会动。

经历过风吹雨打的松树，

即使在雪天，

被大雪覆盖，

也能保持鲜艳的绿色。

一个人，

如果能够

成为别人的支柱，

无论遇到

什么样的困难，

都能忍受。

当你遭受

痛苦的事情时，
请想想
松树高尚的品质。

想想
即使被雪覆盖，
仍不改颜色，
也不会枯萎，
就像什么事都没有发生一样，
静静地伫立的
松树的身姿。

岩谷栽松

拼命跑完自己该跑的路段，
然后把接力棒交给后面的人

把树栽在
那险峻的山峰上，
那荒凉的深山里。

一个人这么做，
不是为了得到表扬，
也不是为了强迫别人做同样的事。
仅仅是
看着自己辛苦种植的松树，
希望后世的人们
能理解自己的想法，
然后，
继承自己的想法。

人生，
需要独自跑完全程。

可人生不是短跑，

而是一场接力赛。

在自己该跑的路段，

全神贯注地奔跑，

之后就算倒下也没关系。

你手中的接力棒，

会由看到你带着这种热情奔跑的人

传承下去。

不要把你的想法强加于人。

这，

只不过是

为了让你看到

忘我地活着的身影而已。

山中无历日

给自己一些放空的时间

在山里待着，
一片寂静，
完全感觉不到
现在是几月，
以及星期几。
在这里，
时间的感觉被弱化了。
不被任何事物束缚的“此刻”，
能让你的心
舒舒服服地放松下来。

试着
稍稍远离
世间的喧嚣，
拥有
属于自己的山中时间。
那些多余的东西
全都抛在身后吧！

多么有趣

而又畅快的事啊！

这就是“无”的境界。

人的心是从“无”的状态开始的，

然后会变得更强大。

担雪填古井

不要急于求成，
要朝着永恒的目标
一直努力

不必过于拘泥于
高效和合理
这两个因素。

有时，
就像不是用沙子和沙砾，
而是用雪来填井一样，
有一颗耿直的心也没关系。

我们追求的并不是
马上得到结果，
马上得到评价。

不要抱怨，
做这样的事
究竟有什么意义。

不必慨叹，
只有自己

为了祈愿和平而采取行动，
没有什么用。

相信并坚持行动
才有意义。

哪怕是
一个小小的举动。

百尺竿头进一步

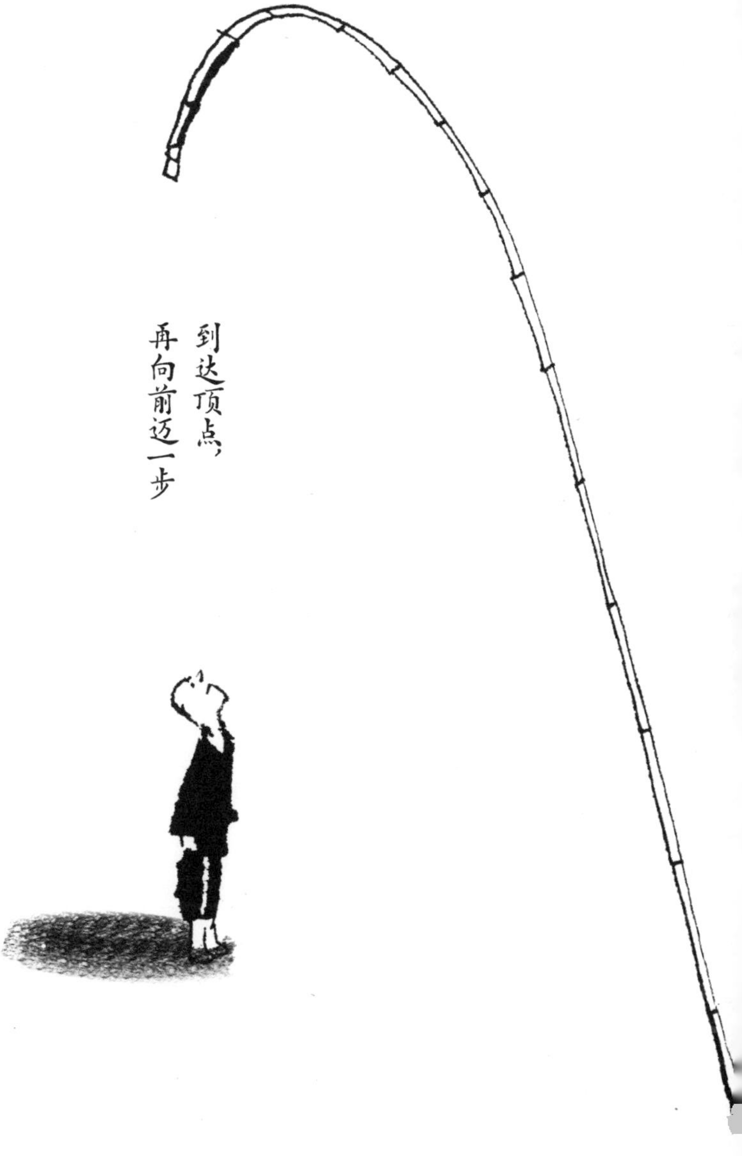
到达顶点，
再向前迈一步

人生中，

拼尽全力到达的地方可能会很舒服。

但生活不应局限于此，

从顶峰开始，

再迈出一步吧！

迈出步子的瞬间，

恐怕就会从顶峰

掉下去吧？

可是，

那又怎么样？

就把它想象成

只是从山顶下去好了。

我学到的东西，
不能只对自己有用，
要对社会有用，
才真正有意义。

如果你已经到达顶峰，
请做好心理准备，
离开那个舒服的地方吧！

百杂碎

别害怕失去

任何东西
只要碎成小块，
就是“百杂碎”。

因为执着于事物，
所以产生了对失去的恐惧；
因为执着于地位
和名誉，
所以无法前进。

执着的心也好，
留恋的心也罢，
都干脆地
抛弃吧！

把一切
都打碎吧！

我会把一切
都交给身后的人，
在那之后，
就与我无关了。

这种程度的感觉就好。

把所有的东西
全都打碎时，
你的内心就会十分清爽。

林下十年梦
湖边一笑新

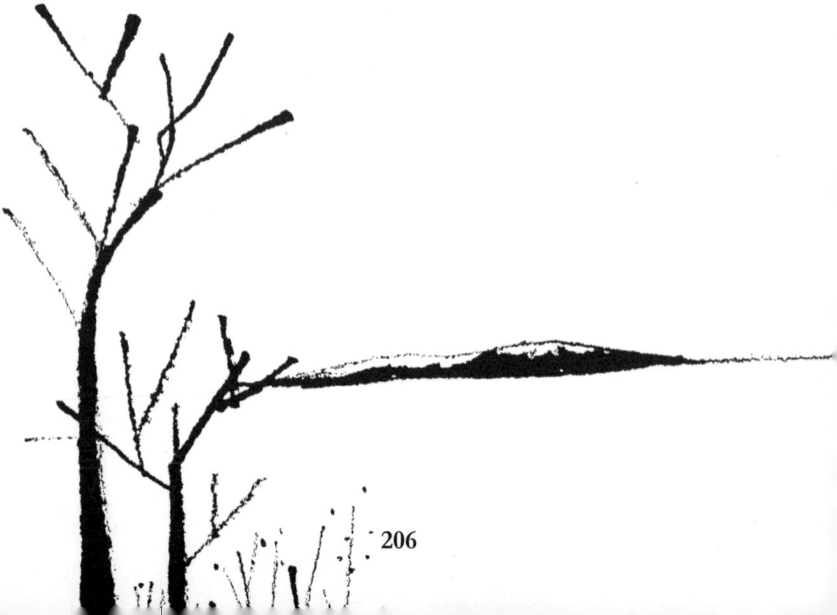

人生，从这里再出发

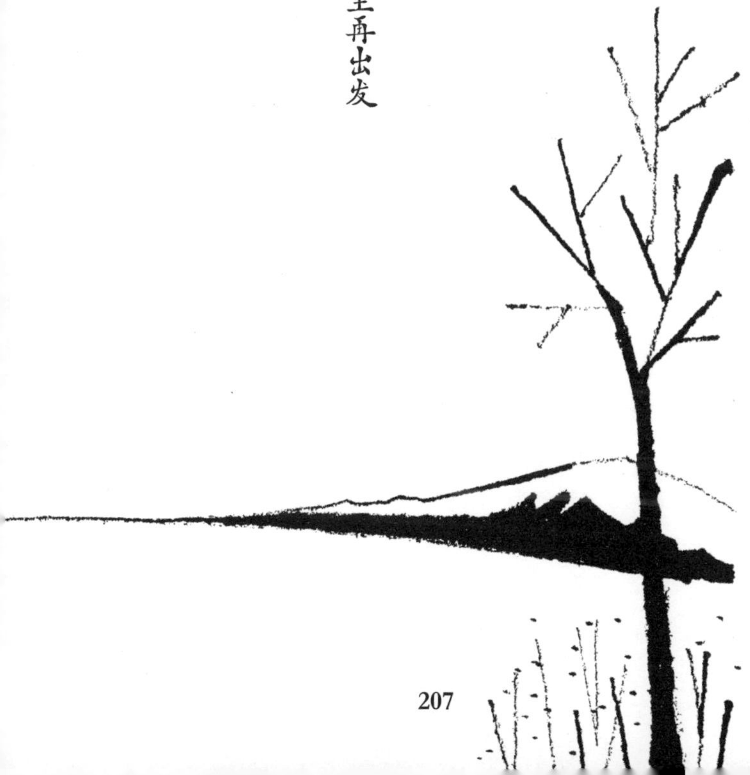

人生需要辛苦
很长时间。

工作
完成了，
退休了，
孩子
养大了，
今天，
女儿要出嫁了……

漫长的修行
结束了，
此刻的心情
非常愉快。
十分感谢
一路上的所有人。

但是，

这

并不是结束。

一次修行

结束了，

现在又要开始一场新的修行，

站在新的起点上。

我们就在这里

享受一个新的开始吧！

人生的下一章

就这样开启了。

活泼泼地

生活中的每一天，
都要有新的发现

初次品尝时觉得好吃的东西，
如果每天都吃，就会失去初尝的感动。
首次目睹时为之震撼的美景，
如果每天都看，就会变得习以为常。
如果拥有太多的知识和经验，
内心就会渐渐不再活跃。

试着把心掏空吧，
毕竟没有和昨天一样的日子。

每天上下班的路，
每天眺望的窗外的风景，
仔细看，每天都会有新的发现。

回想一下吧：
第一次紧张地
完成工作的日子。
回想一下吧：
满是困惑地
开始新生活的日子。

不要因为习惯了，

就对感动变得迟钝。

要每时每刻

都追求初次体会的纯真与美好。

已经快要忘记了的、

新鲜的心，

现在就在这里。

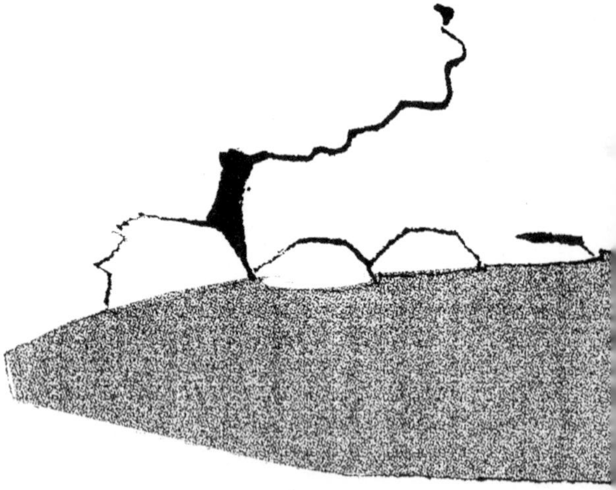

终章

直指人心
见性成佛

最后，
只能直面自己的内心

“不立文字”“教外别传”“直指人心”“见性成佛”，
是菩提达摩留下的话。
菩提达摩所说的见性的“性”，
是指内心。

体验比语言更重要，
不要只关注外面的世界，
要仔细审视自己的内心，
并直截了当地抓住它。
即使用知识和经验思考，
还是找不到真正的自己，
也要努力寻找，
用自己的力量，回归真实的自己。

“为什么呀？”
“为什么呢？”
人生的答案，
不是问别人
就能得到的。

这不是可以用语言表达的东西。

问问自己的心，
你就会明白。

从别人那里得到的答案，
只能是别人的意见。

问问自己，
直视自己的内心。
你要自己想清楚，
自己能感受到的，
才是你人生中
唯一正确的答案。

为了过上没有遗憾的生活，
你只能自己给出答案，
并且一直前进。

结语

五十二句禅语之旅结束了，现在呈现在你面前的是一番怎样的景色呢?

禅绝对不是超能力，也不是能让你得到从前不曾拥有的东西的魔法。如果你看到了与过去不同的景象，说明你的内心发生了变化。

其实，是大家捕捉事物的“心灵的眼睛”改变了。

从二十二岁到三十一岁，我在京都的一个修行道场中度过了九年。每天从早到晚，我都会全身心地进行坐禅和禅宗问答，为了寻求开悟而刻苦修行。

九年后，我打心底的感受是“什么收获都没有”，更准确地说，是“没有得到什么新的东西”。但是，禅以惊人的方式改变了我的生活，为我打开了新的人生。

在那之前，在方便、舒适的日常生活中，我并没有感受到“四季”或“旬日”的存在。但现在我注意到了，京都修行道场的生活教会了我。

不是要发现以前不存在的事物,而是重新认识以前忽视的事物。

这就是我的禅修。

在生活中，我们会不知不觉地忘记那些对自己来说很重要的事情。日复一日的劳碌，被各种信息轰炸和牵着走，你的内心就会越来越不从容。然后，你会对现状不满，很在意别人的眼光。

人如果拥有的东西和信息太多，就会忽略自己内心真正想要的东西。

在这种情况下,最重要的是停下来,重新审视一下自己的内心。

我现在所在的龙云寺，每周日早上六点半都会举行坐禅会，这是四十年前我父亲担任上一代住持时开始的传统，除了元旦是周日的情况，从未间歇过。

我认为，坐禅为我们提供了“内心垃圾的倾倒场”。

坐禅也许能收获德行，也许能得到心灵的救赎，但坐禅不是为了寻求什么而进行的。

坐禅是为了扔掉心中的各种“垃圾”。

这本书也是为了帮助你扔掉内心的垃圾而写的。

我希望你今后也能时不时地翻开本书，以便擦去漫长的人生里积聚在心中的污垢、扔掉心中的“垃圾”，并重新审视那个几乎迷失的自己。

而且，在日常生活中，当我们坦诚地意识到原本认为理所当然的事情也有可贵之处，我们就能找到与生俱来的幸福之心。

所有禅宗教义都是为了达到这个目的。

在白隐慧鹤禅师用通俗易懂的语言总结的《坐禅和赞》的最后，有这样一句话：

“处处皆净土，此身即是佛。”

眼下，如果你觉得自己所处之地是净土，是最好的地方，那么你的生活就充满了幸福。

白隐慧鹤禅师主张，不是在外面的世界寻找快乐，而是在眼前的事物中寻找快乐，并且要意识到眼前的幸福。

我还有最后一件事要告诉你——

幸福总是在你眼前。

如果本书能帮助你过上充实的生活，那么，作为本书的作者和一名禅宗僧人，我将无比高兴。

细川晋辅

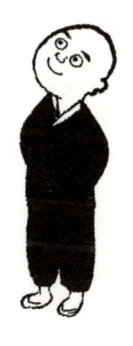